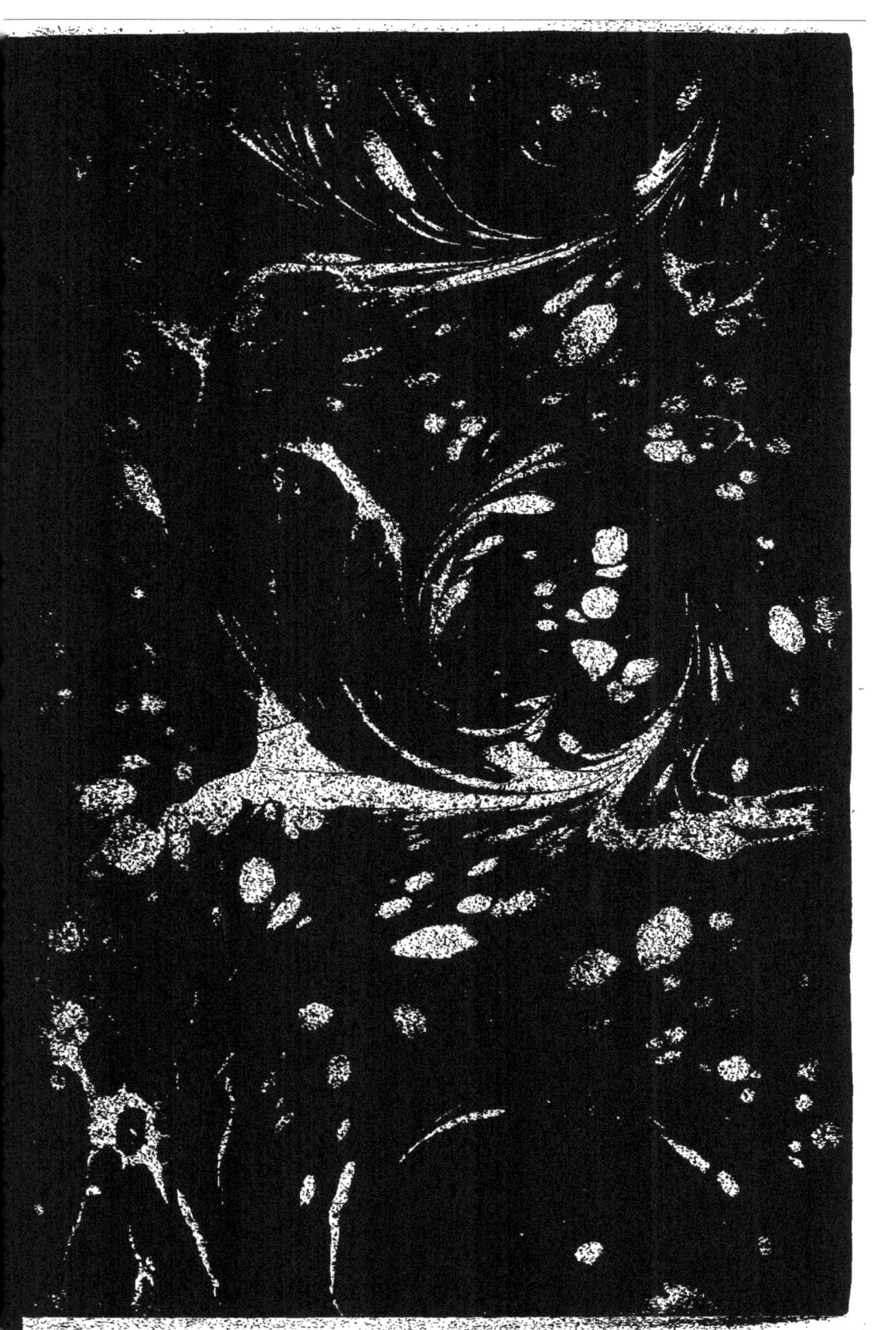

24

C. deMyon 7367.

DE
L'AVTOVR-SERIE
ET DE CE QVI AP-
PARTIENT AV VOL
des oyseaux.

Par P. DE GOMMER , Seigneur de Lusancy,
& F. DE GOMMER, Seigneur
du Brueil son frere.

A PARIS,

Chez I E A N H O V Z E' au Palais, en la
gallerie des prisonniers, allant à
la Chançellerie.

M. DC. VIII.
AVEC PRIVILEGE DV ROY.

A FRANÇOIS DE MEAVX

SEIGNEVR DE FORGES.

MONSIEVR, *En ce peu de loiſir que les malheurs de noſtre temps m'ont voulu permettre, reduit tantoſt dans vne armee Royale, tãtoſt dans vne garniſon, ie me ſuis effor-cé d'interrompre le bruit des Trom-petes & Tambours, me rafraichiſ-ſant quelquesfois la memoire des plaiſirs que i'auois ac-couſtumé de prendre en ma liberté des champs, eſtimãt que ce que i'en eſcrivois ſeroit, tant pour remettre ſus ce louable exercice, & agreable art de l'Autourſerie, beaucoup plus deſiré, que de pluſieurs entendu: que pour diuerſes cauſes qui m'ont eſmeu à ce faire. La premiere a eſté pour fuir l'oiſiueté, rouille des eſprits. La ſeconde pour taſcher en ces miſeres où nous ſommes tõbez, de retirer la pluſpart du monde de l'ambition, & de la ſè-dition, treſ-dangereuſes beſtes, à la conſeruation des Re-publiques & Monarchies. Ariſtote en ſes Politiques a fort bien dit, Que tout ainſi qu'il eſt expediẽt, & pro-fitable au Prince de biẽ commander, auſſi eſt-il au ſubiet d'obeir, & que toutes fois & quãtes que l'vn ou l'au-*

A ij

tre fortira de fon deuoir, il ne faudra iamais d'esbranler
l'Estat. Ce qui aduiendra alors que le chef voudra ou-
trepaſſer les bornes de raiſon, & que le ſubiet brigue-
ra les grandeurs, dont le plus ſouuēt ſa condition le rend
indigne. Et de vray, l'on ſçait qu'il n'y a rien qui ayt telle puiſſance de nous esloigner de ces vices là, & nous
diuertir de toutes autres mauuaiſes cogitations & pen-
ſees que la Chaſſe, dont la Deeſſe Diane les Poëtes fei-
gnent eſtre ſeule entre toutes, chaſte. La troiſieſme,
pour ne laiſſer incognuë aux hōmes la maniere de dreſ-
ſer les oyſeaux, autant rare qu'admirable, & dont les
priuileges ſont aſſez remarquez par tout ce Royaume.
Comme chacun cognoiſt que librement l'Autourſier
peut entrer dedans la maiſon du Roy, pour y reprendre
ſon oyſeau, s'il y eſt cheu ſur ſon gibier ou autrement:
comme auſſi de voler les perdrix par tous les pays, ſans
contredit. Telles ont eſté les volontez de nos Roys, que
nous tenons pour Loix inuiolables. La quatrieſme, de
vous dedier ce petit traitté pour entretenir l'heureuſe
cognoiſſance, & anciēne familiarité q̃ nous auōs de vous
& de toute voſtre maiſon, puis qu'il n'eſt point de plus
ferme & durable amitié que celle des Autourſiers &
Fauconniers. Ainſi qu'en a fait vn tres-beau recueil le
ſieur de Dacourt, de Picardie, qui aſſeure n'auoir iamais veu en vn pays gens de ceſt Art ſans auoir enſē-
ble honneſte conference, & ciuile conuerſation. Or ſi ie
ſçay, Monſieur, que iuſques icy la lecture de mon ſtile,
ne vous ſoit ennuyeuſe, ie ne prolongeray la preſente,
ſous l'eſperance que trouuerez agreable mon labeur:

EPISTRE.

Que si vous pensez qu'il soit digne, en quelque autre meilleure occasion de publier vos merites, faicte moy, ie vous supplie, Monsieur, ceste faueur de croire, que la pensee sortira aussi tost son effect, auec autant d'affection & de sincere volonté, que ie desire en vos bonnes graces demeurer à perpetuité,

Vostre humble, & affectioné voisin, & amy, pour vous seruir,
LVSANCY.

ADVERTISSEMENT
AV LECTEVR.

AM y Lecteur , si la familiere liberté est permise à la
Françoise (m'asseurant que
la diuersité des esprits va-
riera aucunement en l'adueu
de ce petit ouurage, transportez plutost de
passions, ou particulieres volontez, que de
contemplation de raison) sans dissimuler,
ie te diray que les corps qui tiendront telles
ames encloses , ressembleront aux febrici-
tans, qui ores degoustez , veulent tantost
sur vne, tantost sur vn autre viande prendre
goust & appetit: Et enfin, tout leur est fade,
& de mauuaise saueur. Non que ma plume
s'aduenture de vouloir faire trouuer bon
ce qui est de son stile, il me seroit fort mal
seant, veu mesme que la matiere de soy ne
requiert pas grande approbation, ny loüan-
ge, si estce toutesfois, hors de l'opinion vul-
gaire, ie te supplieray faire d'vn cœur gay, &
d'vn visage serain, la description du naturel
des oyseaux de poing, qui n'ont accoustumé d'estre perchez dans les maisons des

peu defireux de la vertu. Requerant de ma
part que l'art & l'exercice de l'Autourferie
foit tenue pour vne finguliere partie, puis
que par l'aduis des anciens, elle a pouuoir
de ruiner les mauuais deffains à quoy pour-
roient penfer ceux qui eftroitemét l'aymét
& l'embraffent. Que s'il fe faiét quelque ho-
chement de refte, comme ie n'en doute
point, en la lecture d'iceluy, ie prendray
pour moy la patience du Poëte Lyrique, qui
attendoit par plaifir vn nouueau Autheur
pour l'imiter, ou faire quelque chofe meilleure.

A iiij

A L'AVTHEVR,

SONNET.

Vrayement tu as bien fait, plein d'honneste loyſir,
  De traitter des Vertus, c'est imiter le Sage.
Tu deſcris des oyſeaux la nature & l'vſage,
Peut-on plus noblement contenter ſon deſir?

Parlant à l'Autourſier, tu luy monstre à choiſir
  L'oyſeau Niais, Branché, Hagar, & de Paſſage,
Pour voler par les champs, & ſans luy faire outrage,
Il ſemble qu'il ſoit né pour luy donner plaiſir.

Voyla comme l'eſprit que nous tenons des Cieux,
  Cà delà voletant, n'est iamais ocieux:
De ce grand vniuers veut contempler l'eſſence,

Par les quatre Elements dans vn corps maintenu,
  S'il n'estoit icy bas de l'homme retenu,
Il auroit de là haut parfaicte cognoiſſance.

L'AVTOVRSERIE

DE PIERRE DE GOMMER,
SIEVR DE LVSANCY.

Pourquoy est dit Autoursier.

CHAP. I.

Vtourserie , c'est l'art & la maniere d'affeter & dresser toutes sortes d'oyseaux de poing , dont le premier est l'Autour, duquel est deriué ce mot, Autourserie, & dōt sont appelez Autrussiers, ou autrement, Autoursiers, pour plus propremēt parler, ceux qui ont accoustumé de manier les oyseaux de poing.

L'AVTOVRSERIE

LE TIERCELET D'AVTOVR

LE Tiercelet eſt le maſle de l'Autour: on l'appelle ainſi, pource qu'il eſt vn tiers plus petit que l'Autour ſa femelle. Ils ſõt tous deux de meſme nature & cõditiõ.

L'ESPERVIER.
CHAP. III.

L'Eſperuier & le Mouchet ſon maſle, ſont tous deux oyſeaux de poing, gẽtils, & courageux, propres entre tous les autres oyſeaux pour les Perdreaux, les Cailles graſſes, & les Merles en hyuer, du long des hayes. Ils donnent beaucoup de plaiſir en leur temps & ſaiſon. Mais le Mouchet eſt le moindre.

Pourquoy on dit oyſeau de poing.
CHAP. IIII.

LEs oyſeaux de poing ſont ainſi appellez pource que l'Autourſier les doit tenir preſques toũſiours ſur le poing, & les reclamer, & paiſtre deſſus. Ils different en cela, comme auſſi en quelque autre particularité de ceux de la haute volerie, qui ſont les Faucons, Gerfaux, Sacres, & Tagaraux, que l'on appelle oyſeaux de Leurre.

Des noms Nyais, Branchez, Sors, Passagers,
& Hagars.
CHAP. V.

L'Oyseau Nyais, c'est celuy qui est pri
dedans l'Aire auant que de voler. Le
Branché, c'est celuy qui hors de l'Aire va
voletant à l'entour de branche en branche.
Il se peut aussi dire Sor, à cause du pennage
roux qu'ont accoustumé d'auoir les ieunes
oyseaux. Le Passager, qui hors des forests,
passant par diuerses contrees, se paist à son
plaisir. Le Hagar, c'est celuy qui a mué en
sa liberté sans auoir esté en main d'homme.

Comme l'oyseau Nyais se doit prendre.
CHAP. VI.

IL faut attendre de prendre l'oyseau Nyais iusques à ce qu'il soit sur le peid, c'est à
dire, quand il aura la force de se souleuer, &
soustenir debout dedans l'aire: Car alors il
est plus fortelet, & moins sujet aux gouttes,
qui sont assez communes à tels oyseaux.
D'autres sont d'opinion de les prendre tous
blancs: Ie ne l'empesche point, mais qu'ils
soient bien nourris.

Comment il faut nourrir l'oyseau Nyais.
CHAP. VII.

LA nature surpasse l'art: Et pource qu'elle est parfaicte de soy-mesme, nous deuons en approcher, nourrissant l'oyseau Nyais, au plus pres de son naturel: Car il sera meilleur, & plus beau, sans doute. Il faut donc, en quelque parc, ou verger, arriere de Coulombiers, dedans vn bel arbre toffu, mettre vn tonneau de trauers, la guuele ouuerte, & tournee vers le Soleil leuant, & dedans, auec force Hyebles, sera mis ledit oyseau. Aupres duquel on hachera sur vne planche auec vn cousteau sa viande pour luy donner à manger. Or sçachez deuant que d'estre alongé, qu'on le doit paistre trois fois le iour: La premiere, à huict heures du matin, & nó plustost, pource qu'il aura plus de loysir de curer, & percurer, s'il luy reste quelque chose dans la Mulette: La seconde, à midy, ou peu apres: La troisiesme, à quatre heures, ou enuiron, tousiours de bonnes viandes. Et quand il sera alongé & sec, deux fois seulement: à sçauoir à huict heures du matin, & à deux ou trois heures apres midy, de gorges rai-

fonnables, non trop groffes, & fans hacher,
afin qu'il s'exerce à tirer. Il faut auffi, pour
rendre l'oyfeau leger & courageux, le paiftre le plus fouuent de chairs fanglantes &
chaudes, comme pigeonneaux, poulle-
teaux, hyrondelles, moyneaux, petits oy-
fillós, & cuiffes d'oyfon: quelquesfois d'vn
cœur de mouton bien net, ou d'vn fillet, fi
bon vous femble. Et n'oubliez point ie vous
prie, en luy allant donner à manger, deme-
ner quelques Efpaigneulx quand & quand
vous, pour les y faire recognoiftre, qui ne
fera pas peu fait. Les effects de telle nourriture font, Que l'oyfeau n'eft pas fi fubiect à
piallier comme les autres Nyais qui font dedans les chambres & greniers des maifons;
D'auantage, s'efforant, & fe baignant en
liberté, il fe donne du courage & de la
difpofition, & fe rend de plus beau pennage. Cela fait, il faut, pour le reprendre, tendre vne Ereigne, auec vn petit poullet ou
pigeonneau, aupres de l'arbre où aura efté
nourry l'oyfeau, ou bien le reprendre à la
Filliere, deffus la planche où il a accouftumé
de fe paiftre: & quand il fera pris, le garnir,
le mettre fur le poing, & le veiller, comme
il fera dit cy apres au chapitre des Paffagers
& Hagards. Telle maniere de nourrir les oyfeaux s'appelle, au Taquet.

Comment il faut faire cognoistre le vif
aux oyseaux Nyais.

CHAP. VIII.

POur auoir moins de peine à mettre
l'oyseau Nyais dedans, il faut, quand
il sera alongé & sec, luy ietter finement des-
sous le pied vne Caille viue, ou bien vn
perdreau vif: duquel, pour l'affoiblir, on
ostera vne penne ou deux de chasque aisle:
Que si l'oyseau le iette au pied laissez le paistre à terre à son plaisir. Par ce moyen vous
luy faites cognoistre son gibier, & si de luy-
mesmes il se rend plus leger, beaucoup plus
courageux, & plus prest à contenter son
maistre. Tels oyseaux ne sont point perda-
bles, & ne craignent rien.

Du naturel des Branchez.

CHAP. IX.

CEste maxime, que toutes mutations
sont dangereuses, s'espreuue en nostre
art, & entre tous les oyseaux de proye aux
Tiercelets d'Autours, & Autours Brachez.
La raison, c'est que n'aguieres estant deli-
catement nourris de toutes sortes de vol-
latilles par les Hagars en leur liberté le chan-

gement de la premiere condition en nos
mains leur eft fort difficile à fupporter, tant
à caufe du tourment qu'ils endurent , qu'à
caufe de la nouuelle nourriture que nous
leur donnons. I'ay à mon grand regret, affez recogneu ce que ie dis par experience.
Car la delicateffe en eft telle, qu'à peine en
rechappe-il vn feul, fi on n'y prend garde de
pres, principalement de ceux que les Alle-
mans & Flamans nous apportent fur les
cages, qu'ils traittent de groffes chairs, cor-
rompues & biffaquees. Le naturel de l'oyfeau Branché eft gracieux, aifé à dreffer courageux & leger, & de bonne reprife. Il iette bien au pied quand il eft dedans. Il ne
craint point les chiens, s'il n'en reçoit quelque defplaifir, & garde bien fa remife. Il fe
veut baigner fouuent, parce que de fon naturel il eft fort chaut & ardant.

En quelle faifon on doit aller querir les Branchez
Et comment il les faut apporter.

CHAP. X.

LA faifon des Branchez eft à la my-Iuil-
let, auquel temps il faut eftre dans
le pays fi on les veut auoir frais pris. Pource
il eft tres-neceffaire , que le Gentil-homme
qui

qui ayme les oyfeaux, y enuoye (fans le fceu
de la femme, s'il y en a vne qui ne defdai-
gne pas volontiers, comme la plus-part en
font logees là) deux garfons , garnis de
bon argent, forts, roides , & entendus au
meftier, l'vn aagé de vingt ans , ou enuiron
pour porter la cage , ainfi que ie vous l'ay
icy figurée, l'autre quelque peu moins, à fon
cul, qui releuera les oyfeaux , quand en fe
tourmentant, ils fe iettent en bas. Ce qu'ils
font aucunesfois par la faim, ou bien par ardeur, ou par opiniaftreté, comme ordinairement les plus courageux , ou bien auffi
d'autres fois à caufe des vents. Que fi par
patience & diligence ils rendent bon com-
pte au maiftre de leur charge, celuy fera vn
plaifir qu'il tiendra plus cher que l'or. Auffi
certes ne fe peut-il mettre à prix entre ceux
qui ayment le deduit. Voyla ce me femble le train requis pour aller querir des oyfeaux Branchez. Il faut maintenant fçauoir
ce que feront nos gens dans le pays.

Ie diray, qu'il eft tref- neceffaire qu'ils les
voyent prendre & cyller deuant eux, fi faire fe peut, afin de garder qu'ils ne foiét foulez, ny offencez en les abatant. Et auffi
pour leur donner eux mefmes le premier
paft de bonne chair pleine de fang, en imi-
tant leur naturel, qu'il fe faut bien garder de

B

forcer auec violence, ains pluftoft gaigner
auec la douceur & le temps, en les retirant
du fang peu à peu. Car i'en ay veu qui ont
rendu la premiere gorge en main d'homme, eftant peus d'vn filet de mouton. Et fi
on ne leur donne rien le iour qu'ils feront pris il n'en vaudront que mieux, pource que en leur donnant le loifir de percurer,
ils auront apres meilleur appetit, & endui-
ront mieux eftant leur feu paffé: ainfi petit à
petit on les accouftumera de manger fur le
poing. Il fera bon auffi de leur ofter & remettre, en les paiffant, vn chaperon: pour les
y rédre plus gracieux, & fur tout d'euiter les
groffes gorges par les chemins. Car il vaut
beaucoup mieux les apporter vn peu mai-
gres, pour viure, que trop plains, pour mourir. L'heure de paiftre doit eftre à huit ou
neuf heures du matin, & à deux heures a-
pres midy. Il refte à dire à nos porteurs
d'oyfeaux, qu'ils doiuent, en reuenant char-
gez, partir vn peu deuant le iour, s'il ne faiét
trop mauuais temps, & marcher iufques à
neuf heures du matin: Arriuez au logis d'e-
ftre foigneux de pofer leur cage en quelque
lieu frais où il y ait bon air, non trop humi-
de. Si c'eft en lieu haut & fec, de les rafraichir
auec de l'eau & des Hyebles, s'il s'en trouue, puis apres donner à manger aux oyfeaux

sur le poing, tant pour les y accouſtumer,
que pour les empeſcher qu'ils ne ſe foulēt le
pennage en ſe battans ſur la cage, où on les
remettra apres pour enduire plus à leur ai-
ſe. Cela faict, meſſieurs les galands beurōt du
meilleur, & s'ils le trouuēt bon, qu'ils ne l'eſ-
pargnent pas, tant que l'argent durera. A
deux heures apres midy il faut paiſtre &
laiſſer les oyſeaux en repos ſur leur gorge
iuſques à trois ou quatre heures, qu'il
faudra repartir pour faire traicte iuſques à
huit ou neuf heures du ſoir. Mais ſi ie ſuis
creu, ils raporteront quelque mignon ſur
le poing pour eſtre moins haraſſé & foulé
au branſle de la cage. Et s'ils ſont & les vns
& les autres tēpeſtatifs à outrance, on leur
iettera de l'eau par deſſus les mahuttes. Il
faut porter expres des petites bouteilles à
la ceinture pour ceſt effet. Sus, ſus arriuez
donc compagnons à bon port, & vous verrez belle feſte au logis.

De la maniere de recouurer les Paſſagers.

CHAP. XI.

Viconque aura enuie d'eſtre bien ſer-
ui des Paſſagers, il faut qu'il les ait frais

pris, fains & entiers. C'eſt pourquoy l'Autourſier ne fera pas peu, s'il veut auoir grand
plaiſir, de les faire prendre, ou quelque hô-
me entêdu au meſtier, pour luy. Car s'ils ſôt
foulez, vous deuez penſer qu'ils n'en vallêt
pas mieux, & s'ils ſont vieux pris , qu'ils
perdent le courage, ou qu'il leur arriue ordinairement quelque accident. Pour à quoy
obuier, & bien ordonner l'affaire, il eſt que-
ſtion d'auoir bonne quantité d'Ereignes
de fillet delié retors, & fort, teintes en cou-
leur brune ou tannee. Or d'autant que la
priſe deſdites Paſſagers eſt rare & exquiſe,
il me ſemble qu'il ſera bô de dire deux mots
de la manière de les prendre. Il faut pre-
mierement auoir quantité d'Ereignes, &
puis apres faire bonne prouiſion de ieunes
pigeons des plus grands de la volee du
mois d'Aouſt, que l'on nourrira dans vne
mue (car il eſt tres-expedient d'en re-
changer ſouuent qui les voudra conſer-
uer.) Le iour Sainct Michel ſur la fin du
mois de Septembre, ou vn peu pluſtoſt ſi
bon vous ſemble, mais les plus tard pris ſôt
les ruſez, vous irez vous meſmes recognoiſtre le long des coſtaux des vignes, és enui-
rons des murgers où il y aura des ſauarts, ou
quelques autres lieux obſcurs , pourueû
qu'il y puiſſe auoir eſpace nette & large aſ-

fez pour tendre. Le long des riuages, des
bois auffi où les oyfeaux auront accouftumé de fe percher, ou bien à l'entour des
Coulombiers, s'il n'y hante point de beftail.
Voicy comment. Picquez trois perchettes
droites de couldre ou de houx, fans peler,
de cinq à fix pieds de haut, diftantes l'vne
de l'autre en triangle de leur longueur,
du long defquelles, depuis vn bout iufques
à l'autre, il faut faire des crans par dedans,
&y tendre lefdites Ereignes de leur hauteur
aux dernieres mailles. Puis il faut mettre
au milieu vn pigeon, attaché par les pieds
de petits gets de cuir auec vn touret, & vn
crochet fiché dedans terre d'vn bon de-
my-pied. Et fur tout aduifer à tendre dés la
pointe du iour, & de ne deftédre que la nuit
ne foit fermee, comme auffi à ne les point
élogner. La garde donc en doit eftre don-
nee à des gentils éueillez, legers du pied,
& vn peu connoiffants les oyfeaux. Ils por-
teront leur manger & boire pour la iournee
aupres de la tente, afin que rien ne donne
dedás qu'ils ne voyent, & recueillent promptement. Et fi c'eft quelque oyfeau de bié, ils
l'apporterót doucemét, enuelopé de l'Ereigne mefme, dás vn chapeau, la queue dehors
pour n'eftre point foulee. Que fi l'vn d'eux
arriue en ceft equipage à la porte, ie croi que

le maiftre du logis ne luy fera point refufer
l'entrée: l'ay veu à ces coups là mener beaucoup de bruit. Il y a encore vne autre belle
façon de recouurer des Paffagers. Qui eft
d'auoir des tendeurs de Byfes habituez aux
terres de ceux qui en aymeront le deduit
(comme auoit le feu fieur de Lagny àIuuin-
court) ou bien pour les faire tendre feulement iufques à la Sainct Martin. Voila, à
mon aduis, fans enuoyer au loing, les
moyens & inuentions de faire branfler la
fonnette à fouhait. Notez, que les oyfeaux
fe bleffent le plus fouuent dedans l'Ereigne,
fi on n'eft bien foudain à les releuer, & de
depit & de cholere s'efchauffans, ils s'alte-
rēt. l'Autourfier doit eftre foigneux de leur
prefenter de l'eau. Car nous en auons veu
qui fe battoient, & qui en beuuoient apres
comme poules. Cela les rafrefchit & faict
grand bien.

Du naturel du Paffager, & de fa condition,

CHAP. XII.

Naturellement les oyfeaux de paffage ayans eſté nourris en liberté font
en cefte penne forte, au commencement
plus tempeſtatifs, plus malaifez à affeurer
aux champs, & au logis, que non pas les

Nyais ou branchez: mais ils font auffi plus
courageux, plus rufez & plus plaifants
voleurs, & fauuent mieux leur gibier,
meilleurs chapperonniers, mais vn peu
plus fubiects à craindre les chiens, &
le trop grand bruit à la remife, & à fuir, fi on
ne les fçait bien gaigner. Il ne les faut pas
guieres haraffer.

Comment il faut affeter, & affeurer le Paffager.
CHAP. XIII.

L. E naturel, difent les Philofophes, eft
tref-difficile, ou prefque impoffible à
changer, fi ce n'eft auec vne grande patiéce,
facilité, & douceur. Laquelle, entre tous
les oyfeaux, s'épreuue aux Paffagers, & aux
Agars, qui ont accouftumé de viure en leur
liberté. En cela auffi ils excellent par deffus
les Nyais & les Branchez, pour ce qu'ils
cognoiffent mieux leur gibier, la perdrix
principalement, dont naturellement tous
oyfeaux font friands, à quoy on met toufiours ceux dont nous entendons parler
pour les champs. Il faut dóc que l'Autourfier fe remette à toute heure deuant les yeux
cefte nature tant admirable ouuriere, qu'il
doit fuiure, & cherir fingulierement : trai-
tant auec le temps petit à petit fon oyfeau

B iiij

de bonnes viandes, plus de gorges chaudes
que de froides, car le meilleur paſt entre
nos mains eſt le moindre en leur liberté,
ſans en approcher iamais, ſinon en luy donnant quelque beccade, ou bien en luy
monſtrât le Tiroir, pour le faire ſauter ſur le
poing de deſſus la perche, laquelle il ne faut
pas qu'il cognoiſſe qu'il n'ait pris ſix perdrix pour le moins. La raiſon, c'eſt que ſi on
l'y met deuant que d'eſtre bien aſſeuré, &
bien dedans, principalement de iour, il re-
deuiendra fier & orgueilleux, ſe ſouuenant
de ſa premiere condition : par ainſi la peine que l'on y auroit miſe ſeroit perdue. Au
contraire s'il eſt continuellement tenu ſur
le poing, en luy bien faiſant, ſans doute il
aymera ſô maiſtre. Or ſi-toſt que l'oyſeau eſt
pris, il le faut garnir, & le tenir couuert à ce
commencement iuſques à la nuict, que l'on
le deſcouurira deuant tout le monde de la
maiſon, deuant le feu & deuant les chiens,
pour l'accouſtumer de bonne heure à tout.
Mais il ſe faut bien garder qu'il ne prenne
vne pœur de quoy que ce ſoit, car il s'en ſou-
uiendroit. C'eſt pourquoy il eſt de beſoin,
que celuy qui tiendra l'oyſeau ſe tire vn peu
à quartier, en ſe pourmenant, afin d'empeſcher qu'hommes, ny femmes, ny enfans, ny
chiens, ny cheuaux, n'approchent de luy

de rudeffe, principalement par derriere. Il
faut auffi, en le tenant fur le poing, luy manier le pennage, & le flatter auec quelques
plumes de perdrix : Et pour le rendre plus
ayfé au chaperō, luy ofter & remettre à tout
moment le Tiroir toufiours à la main, relaf-
chant quelquefois la longe, pour plus faci-
lement remettre le pied en plume, & repo-
fer plus à fon ayfe, car il en fera moins defdaigneux, & pluftoit affeuré. Il faut tenir
l'oyfeau à l'air au Soleil leuant & non d'uāt,
craignant le rhume en fa tempefte, en lieu
où il voye paffer & repaffer toutes fortes de
gens, d'attirail, & de harnois pardeuant luy,
& non par derriere, comme i'ay dit, en luy
monftrant toufiours le Tiroir; & s'il y met le
bec, l'aiffez le tirer. Cependant faites habil-
ler vne cuiffe d'vne ieune poulle, & en iettez
le dur, de laquelle vous le paifferez, en parlāt
à luy, & appellant les chiés fans ceffe en leur
donnant quelque friolies deuant luy, fans
toutes-fois les laiffer approcher de fi pres
qu'il en puiffe auoir peur. Quād il aura mā-
gé, il le faudra tenir defcouuert fur fa gorge,
fans bouger d'vne place, & luy laiffer doucemēt enduire. Ainfi on le gaignera peu à peu.
Que s'il eft fi fier & orgueilleux, de ne point
vouloir māger le iour qu'il fera pris, ny mefme le lēdemain, n'en faictes pour cela moins

d'eſtime. Car ordinarement les meilleurs, &
les plus courageux en font de meſme. I'ay
veu vn Eſperuier de paſſage eſtre iuſques au
cinquieſme iour ſans manger, & vn Autour
Branché entre mes mains que monſieur de
Lenoncour m'auoit donné, qui euſt tant de
feu en la teſte, qu'il ne voulut prendre aſſeu-
ráce de l'hóme qu'au bout de trois ſepmai-
nes, quoy qu'il fuſt tenu fort ſoigneuſemét,
qui puis apres me dóna en bonne cópagnie
plº de plaiſir mille fois qu'il ne m'auoit dó-
né de peine en particulier. Il eſt auſſi fort
neceſſaire de prédre garde au naturel de l'oiſeau. Car s'il ſe bat trop furieuſemét, il ne ſera pas mauuais de lé couurir, & s'il ſe péd au
poing, de le releuer doucement de la main
par deſſous l'eſtomac, ſás le fouler, en le flat-
tát afin de luy faire paſſer ceſte premiere ardeur par douceur & patience, l'vnique remede pour ſauuer les oyſeaux tempeſtatifs
en leur bó corps, qui ne leur a guiere couſté
à faire. Or quand l'oyſeau aura mangé d'aſſeurance, monſtrez luy la viande & le faites
ſauter ſur le poing de la longueur de la lóge,
puis apres reclamez-le en vn pré où il n'y ait
point d'arbres ny de brouſſailles, de la moitié
de la Filiere, & apres de toute la longueur, en
faiſant tenir le bout: Et quád il ſera bié recla-
mé, n'oubliez pas de luy preſenter le bain

par vn beau iour, en la façon que ie diray cy
apres.

Notez que le principal point eſt de donner peu à manger & ſouuent à l'oyſeau: tãt
pour vous en faire recognoiſtre, que pour
luy oſter la fierté en diminuant ſon corps.
Il faut auſſi luy donner le ſoir, quand il aura
enduit, deux petites cures d'eſtoupes acharnees, bien blanches, & bien deliees. Mais cela s'entend apres qu'il aura eſté veillé trois
iours & trois nuiſts entieres pour le moins,
c'eſt à dire, eſtant aſſeuré. Car i'en ay veu ſe
mal porter, qui n'auoyent pas eû l'aſſeurãce
de les reietter, apres leur auoir donné trop
toſt.

Du Hagar.

CHAP. XIIII.

L'OyſeauHagar eſt beaucoup plus leger,
plus ruſé, & plus plaiſant voleur que le
Paſſager, d'autãt qu'il a eſté nourry plus lõg
temps en ſa liberté. Il requiert la douceur de
la main, & la patience du maiſtre ; & reco-
gnoiſt couſtumierement mieux que les autres l'Autourſier, s'il en eſt biẽ traité. Il veut
eſtre ſouuẽt peu de gorges chaudes, pource

que c'eſt ſon naturel. Il ne ſe veut pas ru-
doyer ny de l'homme ny des chiens, ains
touſiours careſſé,& bien traitté, ſi on deſire
en eſtre aymé. Il n'eſt point ſi ſubiect au
bain, mais plus ſubiect à emporter les ſon-
nettes que les autres, ſi on le faict voler par
mauuais temps. On le doit porter aux
champs le neufuieſme iour apres qu'il aura eſté pris, afin qu'il ne perde point courage & qu'il ne ſe morfonde. Careſſez-le
ſouuent, & il vous aymera. Gardez vous
bien de luy manier la gorge quand il aura mangé. Concluſion, les Hagars ſont
faits pour le plaiſir de l'homme. Nos pe-
res on dit, qu'il n'eſtoit volerie que
d'Hagars. Ayez-les d'vne mue, ou de
deux s'il eſt poſſible, principalement les
Autours, car ils font merueilles. Notez
que l'Hagar eſt fort impatient de la faim.
Pource, s'il a eſté perdu, & couché vne
nuict dehors ſans manger, vous le trouuerez bas. Il luy faut donner d'vn vieux pigeon ſanglant pour le remettre en bon
corps.

Comment il faut choisir l'oyseau de
poing.

CHAP. XV.

LA chose plus requise à tous animaux
c'est le courage & le bon naturel, sans
lequel l'exterieur est presque inutil. Or
d'autant que l'interieur est moins cogneu
aux hommes sans l'experience, on a le plus
souuent recours aux proprietez, comme
aux oyseaux, à la beauté du pennage, & à la
taille. Il faut donc choisir l'oyseau de poing,
à la teste platte, & milanniere, au bec gros,
large, noir, & trenchant, au col delié, à l'œil
doré, au pennage blond, qui est le plus fide-
le, ou bien au pennage grisastre, fort haglé,
au vol long, à la queuë courte, à la iambe
platte, à la main grâde & ouuerte, aux doigts
vn peu deliez & longs, aux serres noires cô-
me geyet, & poignantes ainsi que des alei-
nes. Il faut qu'il soit grand, & qu'il ayt les mahuttes hautes, grosses & larges, aux Tiercelets principalement plus qu'aux Autours : Dont on dit que les éclapes sont
ordinairement meilleurs, & plus plai-
sants voleurs que les Goussauts, c'est ce

à dire courts, & bas affis. I'approuue fort les pennages bruns, enfumez, qui ne font pas communs, ces teftes noires, ces cuiffes mouchetees, ces gros brayez blancs. Car i'ay recogneu les oyfeaux de tel pennage toufiours roides, & courageux : Il eft vray qu'il font plus malaifez, & plus long temps à dreffer que les autres, mais auffi en recompenfe ils font moins fubiects aux vents, & moins delicats. En fin, oftez-moy ces pennages rouges, car ce font affiegeurs de Coulombiers. Quãt au choix des Hagars, i'eftime que ceux qui ont le plus de pennes fores font les meilleurs, pource qu'ils monftrent en cela leur courage, ayãts pl'de defir de nourrir leurs petits qu'eux mef mes, principalement de bon gibier, qui eft le pl' rare. C'eft pourquoy les courageux, tra-uaillants pour les leurs, font plus mal muez que non pas les poltrõs qui n'ont foing que de leur ventre mefme.

Comme il faut prefenter le bain aux oyfeaux.

CHAP. XVI.

C'Eft vne chofe des plus requifes à l'Au-tourfier, que de fçauoir prefenter le bain à fes oyfeaux bie à propos : Car cela leur

rend le courage, s'ils l'ont perdu , & les re-
met en estat de voler s'ils sont detalantez,
les maintient en santé & disposition : Et
s'ils sôt malades, soit de rhume, ou de quelque autre mal d'accidêt, il ayde à les remettre promptement sus, pourueu qu'apres ils
soint peus de bône viâde chaude & san-
glante. Le bain aussi a ceste vertu de rafraichir l'oyseau échaufé & d'échaufer celuy qui
est refroidy, & morfondu, s'il est apres bien
seiché au soleil, ou au feu, selon le temps &
la saison. Or donc, si-tost que l'oiseau sera af-
seuré il ne faut pas oublier à luy preseter le
bain, par vn beau têps, & si la necessité le requiert, par quelque temps que ce soit, entre
dix ou vnze heures du matin , quand il aura
enduit, ou à peu pres : C'est à sçauoir aux
sources des fontaines en hyuer, où l'eau est
plus tiede, & aux ruisseaux en esté où elle
est plus douce , & meilleure. Le Sieur de
Maupas & du Cosson , en la montagne de
Reims Autoursier expert, & entendu, est
bien de ceste opinion. Pour moy, i'ay veu
vn Tiercelet d'Autour de Passage qui auoit
presque les doigts mangez de froid en sor-
tant du ruisseau en hyuer. La façon de pre-
senter le baing est telle. Il faut laisser le
poing, & de l'autre main battre l'eau auec
vne petite housine , pour en donner à l'oy-

feau plus d'enuie, & le laisser entrer de luy-
mesme dedans : Quand il y sera, se retirer
trois ou quatre pas arriere, tenant la filiere,
qui sera attachee au bout de la longe, afin
qu'il se baigne plus librement, & à son ayse:
l'Autoursier doit bien se donner garde de
se laisser suiure par des chiens, ny porter autres oyseaux que celuy auquel il veut pre-
senter le bain, pource que cela le pourroit
empescher. Quand il en aura pris son saoul,
laissez-le sortir dehors, & releuer sur le bord,
alors tendez luy le poing, auec vn Tiroir
pour le faire sauter dessus, & le reporter
tousiours tirant iusques au logis, où on le
fera secher au Soleil sur la main. Et quand
il sera bien sec, paissez-le d'vne bonne cuisse
de poule, le dur osté, ou bien de l'aisle d'vn
bon pigeon chaud. S'il se tourmente trop
dehors, couurez-le doucement, de peur
qu'il ne s'offence sur sa gorge ou autrement,
reportez-le à la maison, en lieu où il y ait
de l'air, & où il voye passer, & repasser tousiours quelqu'vn. Et quãd vous vo' voudrez
coucher, mettez le reposer la nuict sur la
perche, en lieu sec, & non rhumatique. Ie
diray en passant, que i'ay eu vn Passager
qui au commencement ne se vouloit baigner que le soir à la chandelle, dedans vn
bacquet. Qui en aura de tel humeur, qu'il
les

les face biê fecher au feu. Au refte, ie fuis d'a-
uis que l'oyfeau ne foit point porté aux
chãps le iour qu'il fe fera baigné, pource qu'il
fe tourmentera moins au logis, & fe rafre-
chira mieux & plus à fõ aife fur le poing, ou
fur la perche, couuert, ou defcouuert, felon
fon humeur. On cognoit qu'il eft befoin de
prefenter le bain à l'oyfeau quand il fe pro-
uigne, & fe fecouë fouuent, & qu'en fe fe-
coüant de force il fait craqueter fes pennes.
Cela fe peut auffi cognoiftre quãd il enduit
trop longuement.

*Comment il faut faire l'oyfeau de poing bon
Chaperonnier.*
CHAP. XVII.

IL eft fort vtile à l'Autourfier de bien faire fon oyfeau au chaperõ, pource que par
ce moyen il peut aller par tout fans le haraffer, principalement aux champs en bonne
compagnie, en attendant fon heure, ou fon
tour à voler. Il faut donc pour ce faire, en
l'affeurant, luy mettre, luy ofter, & remettre
fouuent au chaperon de facile entree, & re-
couuert, luy dõner deux ou trois beccades,
pour l'adoucir. Que s'il y eft trop malaifé,
laiffez paffer vne nuict entiere fans le luy o-
fter: Car fe repofant ainfi, & enduifant fa
gorge, on luy fera la tefte familiere. Qui n'eft

C

pas peu pour la conseruation de l'oyseau,&
le contentement du maistre.

_____

Comme il faut reclamer l'oyseau.
CHAP. XVIII.

IL n'y a rien au monde qui ait tant de force pour attirer les gentils courages que la
douceur, & les bienfaits, mesmes aux animaux, ce que l'Autoursier obseruera entre
tous oyseaux en ceux-cy, dont nous entendons parler, qui veulent estre gaignez
par ceste douceur, par la patience, & le bon
traictement, l'vnique moyen pour s'en faire aymer. Car ie diray en passant, que nos
oyseaux de poing sont ceux qui cognoissēt
mieux leur maistre, & qui se souuien-
nent mieux aussi du bien ou du mal que l'on
leur fait. Caressez-les donc souuent, vous
en serez aymé. Or quand l'oyseau commē-
cera à vous recognoistre, & à manger sur le
poing d'asseurance, il faut luy donner de la
creance dauantage, en le reclamant deuant
que de paistre: La premiere fois de la longueur de la lōge: Puis vn peu de plus loing,
tenant bien la Filliere: Et en fin, selon l'appetit, & la bonne volonté qu'il aura, de toute
la longueur de ladite Filliere. Cela se fera en
quelque beau grand pré, où il n'y aura ny
arbre ny broussailles, ny autre chose, qui

puiſſe empeſcher de couler ladite Filliere,
que l'oyſeau trainera apres luy. Si ie ſuis
creu les Nyais & les Brachez ſerōt reclamez
trois fois. A la premiere de la moitié de la
Filliere, en leur donnāt apres deux ou trois
beccades. A la ſeconde, de la longueur, en
leur donnant apres encore quelque petite
beccade. A la troiſieſme, leur laiſſant trai-
ner la Filliere, & alors ils doiuent eſtre peus
à plain: Car les traittant de ceſte façon, ils
penſeront n'auoir point à manger, s'ils ne
reuiennent au poing. Quant aux paſſagers,
ils ne doiuent eſtre reclamez que deux fois.
La premiere, de la moitié de la filliere au
plus loing, en leur donnant apres quelque
beccade: La ſeconde, de la longueur de ladite Filliere, pour puis apres les acheuer de
paiſtre. Pour les Hagars, faites de meſmes,
ou les reclamez vne fois ſeulement, craignant de les importuner: car i'en ay veu qui
à la troiſieſme fois faiſoient beau ſemblant
d'emporter la Filliere. Sur tout, regardez
l'humeur, la diſpoſition, & l'heure de l'oyſeau, qui couſtumierement vous trompera
pluſtoſt le matin que le ſoir où il aura touſ-
jours plus d'apetit. I'ay dit qu'il ne failloit
reclamer les Paſſagers & les Hagars que deux
fois au plus. La raiſō, c'eſt pource qu'ils ont
accouſtumé aux champs de ne prēdre qu'v-

ne fois, s'ils ne font deftrouffez, & fe paiftre
pluftoft que ne font pas les Niais, ou les
Brachez, defquels on fait mieux ce que l'on
veut, en les haraffant: mais ie n'oublieray pas
à dire, qu'il ne faut iamais à ces coups là
oublier la Filiere au logis. Pour moy, ie ne
fuis pas de l'opinion de ces vieux refueurs,
qui auoient accouftumé de reclamer les oyfeaux fur leur foy, laquelle on efpreuue affez
toft en les faifant voler: fouuenez-vous, s'il
vous plaift, de ce prouerbe, Que iamais bon
Fauconnier ne perdit fon oyfeau en leurrāt.

Comment il faut dreffer l'oyfeau de poing.
CHAP. XIX.

TOut Art tendant à vn certain but, doit
faire recognoiftre à l'Autourfier, qu'é-
cores que les commencements foient vti-
les, la fin toutesfois eft principale, & tref-ne-
ceffaire, pource que c'eft la perfection: Cô-
me de vray c'eft beaucoup que d'affeurer
l'oyfeau dedans la maifon, aux champs, deuant le monde, deuant les laboureurs, les
chartiers, & toute forte d'attirail, à fin qu'il
n'ait peur de rien. Mais cela eft peu au ref-
pect de le voir bien dreffé, & bien volant,
là où nous mettons la fin & perfection
de noftre Art. Il faut donc, quand l'oyfeau
aura pris toute affeurance, luy faire cognoi-

ftre fon gibier en cefte façon. Sur les deux
ou trois heures apres midy prenez voftre
oyfeau, auec vn Tiroir, & menez trois ou
quatre Efpaigneulx des plus fages. allez vous
en aux champs, arriere des hayes & des buif-
fons, & deuant luy faictes quefter les chiens
quelque tēps, pour les y faire recognoiftre à
la quefte: Apres cela faites, fans que l'oyfeau
le voye, mettre vn laquais fur le ventre, qui
iettera finement & de pres vn perdreau vif
quād l'Autourfier l'en aura aduerty. Ce qui
s'appelle faire train. Deuāt que de ce faire, il
fera bó, ce me sēble, de mettre à l'efcart deux
ou trois piqueurs, ou bien des garcós à pied,
pour remarquer le perdreau, fi d'auanture
l'oyfeau n'y vouloit aller de la premierē fois,
ce qui arriue affez fouuēt, & que ie n'eftime
pas mauuais figne: Car i'ay veu plufieurs de
ces oyfeaux froids emporter le prix fur tous
les autres. I'ay eu entre mes mains deux Autours Branchez qui eftoiēt fi defdaigneux,
qu'ils ne faifoient pas femblant de cognoiftre le vif, ie dy mefme en leur faifant brouir
deffous le pied, qui dreffez, furēt excellents.
Or quand le perdreau fera retrouué, & re-
pofé, il faut le reietter à l'oyfeau, cóme deuant, en aduançāt la main de fi pres qu'il luy
prenne enuie d'y aller. Que s'il ne veut à la
feconde fois, il faut apres la remife faire

C iij

repartir à la baguette le perdreau de deſſous
le poing, en parlant touſiours aux chiens,
& leur donnât crainte, & s'il le iette au pied,
ſoit qu'il volette, ou qu'il coure ſeulement
à terre, laiſſez-le faire, & en manger par où
il voudra, vous retirant vn peu arriere, en
tournant à l'entour de luy , & parlant aux
chiens, comme i'ay dit, auec les termes accouſtumez de l'Art, & dont ie ne fais point
de mention, d'autant qu'ils ſont aſſez communs, & cogneus. Ie dis qu'il eſt bõ de laiſſer paiſtre l'oyſeau à terre, contre l'opinion
de ceſte premiere & bonne iouyſſance, il ſe
ſouuiendra mieux du plaiſir qu'il aura receu, & aura meilleure volonté d'y retour-
ner vne autre fois. Notez, que ſi vous voulez paiſtre voſtre oyſeau du perdreau qu'on
luy aura ietté, il faudra qu'il ſoit frais pris,
autremẽt la viãde n'en vaudroit riẽ, paiſſez-
le pluſtoſt d'vne cuiſſe de poulette chaude
ou d'vn pigeonneau.

Comment il faut porter l'oyſeau aux champs.
CHAP. XX.

LA dexterité de noſtre Art giſt à mettre l'oyſeau en eſtat, & à le tenir ſain,
plain, & net, car autrement il ne peut endu-
rer le trauail, & ne ſçauroit faire vn beau vol.
Deuant donc que le faire voler il faut co-

gnoiftre fa volonté, fa difpofition, fon appetit, & fon corps, que vous cognoiftrez eftre
propre s'il rend fes cures blanches & nettes. Quand cela paroiftra, il faut faire tirer
l'oyfeau de bon matin, & felon qu'il fera famelique, luy donner demy gorge ou enuiron, d'vn filet de mouton , ou d'vne cuifle
de poulette, vn peu lauee, & puis le mettre
à l'air. Sur les deux ou trois heures apres
midy, qu'il doit auoir faim, montez à cheual
& le portez hardiment aux champs accom-
pagné d'Efpagneulx fages , & bien recog-
neus, & nó autremét, en quelque compagnie que ce foit. Pour moy, à caufe de tant
de defordre que i'ay veu deuant mes yeux
arriuer en foule de chaffeurs, & de chiens, ie
fuis de ferment de ne point chaffer pluftoft
que de voir à ma barbe paffer fur le ventre
à mon oyfeau par quelque ieune chien
eftourdy, & peu faiÆ au meftier. I'en ay veu
quelquefois de bien fots à ces coups-là. Or
fus, il fe faut gayement efcarter à la quefte, &
quand les Efpagneulx auront fait partir des
perdreaux, picquer roide, & en remarquer
quelqu'vn en beau pays, pour le faire repartir brufquement, & de pres ietter l'oyfeau au
cul. Et s'il prend, laiffez-le faire bóne chere à
terre comme il luy plaira. Gardez feulemét
qu'vn chien ne luy faffe peur , & qu'il ne

C iiij

mange de la graüe, ou des trippailles, parce
que cela le pourroit desgoufter. Eftât faoul
l'Autourfier le releuera, & luy donnera à
curer de la plume de fon gibier, s'il n'en a
pris de luy mefme. Apres, il ne fera pas
mauuais de luy laiffer vn petit recognoiftre
fa curee, & puis le couurir pour le reporter
doucement au logis fur la perche. Où e-
ftant, il luy oftera le chapperô afin d'enduire plus à fon aife, & auec le fouuenir du biê
qu'il aura receu. Que fi on luy veut faire voler plufieurs perdrix en vne chaffe, il le faut
laiffer iouïr à terre, & plumer, pour luy dôner plaifir, & des premieres qu'il prendra
luy en dôner la ceruelle, ce qui s'appelle en
l'Art, Sauuer le droit à l'oyfeau, ou bien faire le deuoir; & de la derniere il fera peu.
I'aduertiray les curieux, de fe bien donner
garde de ietter des perdrix d'efchape aux
oyfeaux, car il n'y a rien au monde qui les
ruine tant: par ce que les recognoiffant
foibles, ils n'y veulent plus aller, quand on
leur en monftre des fraiches aux champs.
Nous auons dreffé au Brueil & à Paffy fur
Marne, douze ou quinze Paffagers, fans leur
auoir ietté vne feule perdrix viue. C'eft en-
quoy i'ay recogneu, que ceux que l'on efti-
moit bien fins en l'Autourferie fe font grâ-
dement trompez, qui ne faifoient pas ainfi.

Comme il faut faire l'oyseau de bonne reprise.

CHAP. XXI.

LEs plus impatiens sont les moins propres à l'Art de l'Autourserie, aussi n'en
peuuent-ils iamais bien dire. Le Cheualier
de Seurre, grand Prieur de Champagne, par-
ticipât de cest humeur, regardoit vn iour vn
Autoursier attendant son oyseau qui estoit
dedans vn arbre, & qui ne vouloit pas reue-
nir: il s'approcha, & luy dit; Par le sang
Dieu, mon bel amy, vous estes vn grand sot:
Ie renie Dieu, il est vray (ainsi auoit-il accoustumé d'asseurer son dire) ne voyez vous
pas qu'il le vous monstre, car il suit son naturel qui est d'estre aux châps, & vous estes
si mal-habile homme, que vous ne suiuez
pas le vostre, qui est d'estre à la maison. D'autres disent, que vaut mieux vn coup de ma-
trat à vn oyseau qui se fait attendre, qu'vne
cuisse de poule. Telle impatience, selon mó
iugement, ne vient que de ne point aymer
le deduit: car la patiéce procede de l'amour.
Mais pour contenter nos François, qui entre toutes nations du monde se sont tousiours móstrez les plus desireux de la vertu,
& des exercices d'icelle, ie diray en peu de
paroles les moyens d'estre releué de la pei-

ne d'attendre long temps vn oyſeau. Tenez-
le'à toutes heures ſur le poing, & le careſſez.
N'en approchez iamais ſans luy monſtrer le
Tiroir. Paiſſez   le de bonnes viandes, Reclamez le touſiours, encore qu'il ſoit vol-
lant. Portez-le ſouuent aux champs, & luy
donnez de bonnes & courtes curees: ie m'aſſeure qu'il vous apportera plus de contentement que de déplaiſir, ou d'impatience. Il
faut auſſi eſtre vn petit diligent à le faire tirer
le matin, & puis on le mettra, ſi on veut, à la
perche, apres s'eſtre ſecoué. Pource que eſ-
chaufé en tirant, il pourroit ſe morfõdre, s'il
y eſtoit remis ſoudainemēt. Si le voulez paiſtre deuāt que de luy porter, faire le pouuez,
il n'en vaudra pas pis, pourueu qu'il ne tiéne
point trop gros du Tiroir. Il ſera bon auſſi le
ſoir, au retour deschãps quãd il aura preſque
enduit, de luy monſtrer l'aiſle d'vne perdrix
pour le faire plumer , & de luy preſenter de
l'eau nette dãs vn verre, pour le faire rafraichir. S'il y veut mettre le bec laiſſez le faire,
puis iettez lui en ſur les pieds. Accouſtumez
dõc voſtre oiſeau à venir mãger ſur le poing,
car ne mangeãt point autremēt: ſi ce n'eſt ſur
ſõ gibier, il ſera de bõne repriſe. Bref, traittez
le doucemēt, faites luy du bien ſans ceſſe, il
vous cherchera.

Comment il faut mettre l'oyseau de poing en haleine.

CHAP. XXII.

IL faut sçauoir, que l'oyseau de poing, qui est chaud & prôpt de son naturel, manque plustost d'haleine que l'oiseau de Leurre qui est plus froid, pource ne sera pas peu fait à l'Autoursier de trouuer vn expediêt de luy faire gaigner. Ce qu'il fera en ceste sorte. Qu'il leue son oyseau dés le matin, auec vn Tiroir apres auoir curé, & percuré, & qu'il le porte à l'air par beau têps en le faisant fort tirer le bec au soleil sur vne queuë de bœuf, ou sur vn Tiroir de poule bien net, si c'est en hyuer, que ce soit deuât le feu. Il est vray, dirà quelqu'vn, qu'il y gist de la diligêce beaucoup. Ie réspôs aussi que les paresseux perdêt le têps & le plaisir. Car c'est chose tref-vtile pour maintenir tous oiseaux en santé, en haleine, en courage en estat, & en dispositiô. Il y a encore vn autre moyen de donner l'haleine aux oiseaux, duquel ne suis biê trouué. Ie fais tenir mô oiseau au bas d'vne môtagne & le fais reclamer d'enhaut. Qui est bien, à mô aduis, vne des meilleures inuêtiôs du môde pour luy dôner de l'haleine, & la disposition pour faire sauuer vne perdrix à pied, môtât, qui n'est pas fort cômû aux oiseaux de poing si ce ne sont Passagers tard pris, ou Hagars.

Comment il faut mettre l'oyseau en estat.

CHAP. XXIII.

TOus oyseaux ont des aisles, mais non
toussiours pour le plaisir de l'homme,
sans art ou industrie. Pourtant, le but de
l'Autoursier est d'assuiettir l'oyseau à luy, &
de le faire bien voler, & prédre. Ce que nous
disons en peu de paroles, Mettre l'oyseau en
estat. Il faut donc considerer le naturel de
l'oiseau, car s'il est tempestatif il est plus mal-
aisé à mettre en estat, pource qu'il enduit
plus longuement, & aussi que s'échauffant, il
s'engédre de la croie & des colles dedás la mu
lette, qui luy ostent l'apetit : A quoy on peut
remedier, en le traittant nettement de petites gorges, & de past legers, cóme de filets de
moûtó laués, & de cuisses de poulettes, en lui
presátát souuét le baing. Si on lui veut dóner
d'vn pigeóneau ie l'approuue : mais il en faut
arracher la teste deuát, & le laisser saigner, &
quand le sang sera dehors luy en donner les
aisles. Car le sang du pigeóneau est si chaud
qu'il rend l'oyseau fort fier & orgueilleux.
Quand on voudra aller aux champs on dó-
nera à l'oiseau le matin demi gorge seulemét

lauee auec eau tiede. S'il eft mué, ou bié qu'il
ne foit pas famelique, il faut tréper, & lauer
d'auantage.   Que s'il fait le fot apres cela
qu'on ne luy donne plus le matin que le Tiroir bien laué, principalemét aux Paffagers
& aux Hagars qui ont accouftumé de ne má-
ger qu'vne fois le iour en leur liberté. Il faut
auffi pour mettre fon oyfeau en eftat, prédre
garde aux faifons de l'année, d'autant qu'a-
pres moiffon aux perdreaux les ieunes oyfeaux à ce commencemènt font feu, voláts
à toutes heures, & defefperément, voire al-
laft vne vieille perdrix au bout du móde, car
ce n'eft qu'ardeur: Et toutesfois fur la fin
d'Octobre, à la cheutte des fueilles, fi vous
ne prenez garde à eux de pres, il féble qu'ils
ayent des meules pendues à laqueuë, ou
que les perdrix leur faffét peur. Il y en a deux
raifons. La premiere c'eft qu'à la verité les
perdrix font plus fortes : L'autre c'eft qu'ils
fe fentent des chaleurs de l'efté qui ont en-
gendré quelques humeurs vifqueufes dans
la mulette, qui leur ofte de la difpofition, &
de l'appetit. Tellement que vous les verrez
demeurer brauemét dans vn arbre, les perdrix les vnes apres les autres partir deuant
eux, fans daigner les regarder. A ces coups
la faictes reprendre voftre oyfeau par quelque valet, & le faictes raporter au logis, fás

le paiftre aux chãps, & ne luy donnez qu'vne
beccade au retour. Le lendemain s'il fe moc-
que encore, que l'Autourfier luy laue tant
fa viãde qu'elle n'ait prefque point de gouft
de chair, & la premiere fois qu'il ira à la volerie, s'il prend vne perdrix, qu'il fe retire
arriere, & qu'il le laiffe paiftre à fon plaifir,
& coucher dehors. Cefte recepte eft dés
meilleures pour donner de l'appetit, & du
courage aux Branchez & aux Nyais. Il faut
auffi pour mettre l'oyfeau en eftat le tenir
fouuent, & le mettre à l'air quand il ne fera
point trop mauuais temps, ny trop grand
froid. Car ie fçay par experience, que les
oyfeaux de poing le craignent fort, & y en-
duifent à long temps, pource qu'ils ont le
boyau eftroit, & que la froidure le leur reffer
re encore d'auantage. Ie n'approuue pas nõ
plus de le mettre hors trop matin. Au refte
n'oubliez point d'accofter la ieune Fillan-
diere, qui vous fournira de belles eftoupes
deliees, blanches, & bien buees, pour donner tous les iours cures aux oyfeaux, quand
ils n'en auront point eu de plume, à tout
le moins durant les grãds friffons d'hyuer,
trois fois la fepmaine. Notez, qu'il arriue en
hyuer quelquefois fept ou huict iours cõfe-
cutifs de mauuais temps, durant lequel les
oifeaux ne bougeant du logis, fe mettent

hors d'eftat. Donnez-vous bien garde de
les faire voler le premier iour qu'il fera beau,
s'ils n'ont efté tenus longuement à l'air du
matin, & qu'ils n'ayent eu vne bonne cure
d'eftoupes le foir precedent, pour ce qu'ils
font affez fuiects à ne rien faire qui vaille ce
iour là, & à fe perdre, fi on n'y donnoit bon
ordre. Que fi vous voyez qu'ils foient ords
& fales dedans la mulette, vous leur donne-
rez le foir vn col de poulle haché, fans plus
auec vne cure.

Comment il faut maintenir l'oyfeau en fanté.

CHAP. XXIIII.

LEs Perfes anciennement firent leurs
Loix, non tant pour punir le vice ; que
pour empefcher les hômes d'eftre vicieux,
& corrompus: Auffi le traitté que nous faifons de l'Art de l'Autourferie, n'eft pas tant
pour guárir les oyfeaux malades, que pour
empefcher qu'il ne leur arriue quelque in-
conuenient. Or il eft neceffaire pour maintenir l'oyfeau en fáté, de le paiftre de bônes
viádes, & nô de trop groffes gorges. Il faut
dreffer les perches en lieu fec, principalement en Hyuer, où l'on face ordinairement
du feu arriere des feneftres, & des vents

coulis,car cela luy cauſeroit vn rhume : Si
par fortune il a eſté moüillé aux champs,
ſoit par l'iniure du temps, ou biē dans quelque marets, ou ruiſſeau, en prenant ſon gibier, on ne luy doit pas donner à manger
de la viande froide, mais pluſtoſt d'vn bon
pigeon tout chaud, ou d'vne cuiſſe de poulle. Car la perdrix eſt trop mauuaiſe & dange-
reuſe, & ſe faut bien garder de luy donner
groſſe gorge, comme i'ay dit, car morfondu,
peut-eſtre ne l'enduiroit-il pas toute entiere. Puis quand il ſera au logis, faictes-le
ſecher au feu, & le remettez à la perche, d'où
il en voye la lueur. Que ſi vous doutez de
quelque choſe donnez-luy, apres auoir
enduit, trois cloux de gyrofle briſez de-
dās la cure, pource que cela le rechaufera, &
luy donnera le lendemain meilleur appetit.
Bref, faites voler voſtre oiſeau ſás le haraſſer:
tenez-le ſouuent ſur le poing, faites-le tirer
deuant le feu, ou au ſoleil, comme i'ay dit,
& ne le droguez point, vous le maintiendrez
en ſanté. Voyla mon opinion, cótraire tou-
tefois à celle du ſieur de Chauigny & de
Raucourt, qui a touſiours le petit cas
preſt, c'eſt à dire de l'aloes, chiquotin, ou de
l'eau de roſe auec du ſucre, ou bien des pil-
lules, & qui ne va iamais ſans auoir dedans
ſa gibeſſiere quelque inſtrument à prendre

dre fouris, ou mulots, pour donner à fes oyfeaux, s'ils fôt mauuaife mine. L'Autourfier
fe fouuiendra, s'il luy plaift, de ne pas mettre
foudainement fon oyfeau à la perche quand
il l'aura peu, ou fait tirer. Car on tient que
cela luy nuiroit, pource qu'il en aymeroit
trop la perche , & en feroit plus fubiet au
rhume.

Pour donner l'appetit à l'oyfeau.
CHAP. XXV.

IL n'y a fi forte nature, qui quelque fois
n'ait befoin d'aide. Il arriue affez fouuent
fi on n'y prend garde de bien pres , que les
oyfeaux fe mettent hors d'eftat, & d'apetit,
foit par morfondures, ou par le contraire,
par haraffement, ou autrement, à quoy il
fera bon à l'Autourfier de donner promptement ordre. Il faut leur prefenter le bain à
propos, comme il eft dit icy deffus, ou bien
mettre dedans les cures trois fueilles de
groffes marguerittes fauuages , recepte
approuuée. Il fera bon auffi , & croy qu'il
ne fe trouuera guieres recepte meilleure,
que de donner à l'oyfeau efchaufé, & hors
d'eftat vne demie gorge, trempée en ius de
pourpier, auec deux gouttes d'eau parmy.
Car i'ay veu apres cela deuant moy bien
voler le mefme iour. On peut encore vfer

D

d'vne autre recepte assez commune. C'est
de tremper la viande en eau où il y aura eu
vne nuict des racines de persil, ou de donner à l'oyseau le matin vn Tiroir , auec vn
peu de beurre frais dessus, pris sous le con-
uerceau de la seirenne , dedans laquelle il
aura esté battu: ou bien si vous voulez donner à voltre oyseau le matin vne gorge de
viande de boucherie, trempee en huille d'o-
lif batue en dix ou douze eaux claires &
nettes, tant que l'huille parroisse blanche
comme beurre. mais la reale recepte c'est de
porter l'oyseau aux champs, & d'essayer à
force de piqueurs, & de chiens, de luy faire prendre vne perdrix, & de l'en laisser paistre en sa liberté, & coucher dehors par beau
temps, i'entens aux oyseaux Niais & Branchez, deux ou trois fois la sepmeine, en Esté
seulement.

Comment il faut faire prendre la branche à l'oyseau.
CHAP. XXVI.

NOstre Art, à la verité, seroit inutile, si
l'oyseau de luy-mesme faisoit tout
pour le plaisir de l'homme , qui doit par
moyens & inuentions suppleer au defaut.
Nous voyós par experience, que les ieunes
oyseaux Niais, & Bráchez ont accoustumé
au commécement de se ietter à terre apres

leur gibier, & ainſi, de le faillir aſſez ſouuẽt.
Car cependant que ſottement ils s'amuſent
à chercher dedans les buiſſons, la perdrix
court d'vn autre coſté, ſi bien qu'elle repart
de ſi loing que l'oyſeau ne la peut voir, & ſe
ſauue. Ce qui n'arriue pas ſeulement à ceux
là, mais auſſi, à ce que i'ay veu, aux Paſſagers
& aux Hagars, qui en leur liberté volent dedans les forts ſans eſperance de chiens pour
faire repartir. Si bien que s'ils ne iettent au
pied du premier vol, ils demeurẽt quelquefois embarraſſez dans les halliers, qu'à peine
peuuent ils ſe releuer pour reuoler, à quoy
l'on doit remedier: Voicy comment. Il faut
eriger des perches hautes ſoubs des arbres,
pource que l'oyſeau s'en accouſtumera
mieux à prendre la branche, en le reclamant
de là deſſus, & luy remettant apres. Vn autre remede, c'eſt de piquer roide quand
l'oyſeau vole, & empeſcher les chiens d'approcher iuſques à ce qu'il ſoit releué à l'arbre, ou ſur le buiſſon de ſa remiſe. Ce qu'il
fera par le bruit, ou par la crainte. Et s'il r
part, & qu'il prenne, dónez-luy tãt de pla
ſir qu'il s'en ſouuienne. Que s'il eſt ſi ſot de
ne bouger de terre, il faudra le releuer auec
vn Tiroir, & le poſer ſur la haye, ou ſur le
buiſſon, ou bien eſtendre le bras de ſi pres
qu'il penſe repartir de deſſus la haye. Et c'eſt

D ij

vn des plus grãds plaifirs de la volerie, pource qu'au repartir, vous voyez à l'œil l'oyfeau
pendre au cul de la perdrix. Voila, felõ mon
opinion, les fubtilitez de rẽdre les oyfeaux
rufez en peu de temps; fi l'Autourfier eft
foigneux & diligent.

Comment il faut accouftumer l'oyfeau à voler
de bonne heure.

CHAP. XXVII.

L'Antiquité a tref-bien dit, Que l'accou-
ſtumance eſt vne autre nature. C'eſt
pourquoi no' voulõs tellemẽt affuiettir l'oifeau au plaifir de l'homme, que par fucceffiõ
de tẽps on luy faffe prendre vne couſtume
qui luy ferue de nature, pour voler à toutes
heures. Il faut donc, apres qu'il eft gaigné,
le paiſtre du matin, les iours que l'on ne le
voudra pas porter aux champs, afin qu'a-
yant enduit de bonne heure on luy donne
vne gorge à midy, ou à vne heure apres. Car
par vfage, il fera touſiours preſt à voler à
l'heure que l'Autourfier aura accouſtumé
de le paiſtre, & en luy donãt de courtes curees. Ie fupplie celuy principalemẽt qui aura
enuie d'eſtre bien venu à la Cour, de tenir
ceſte maxime, d'autant qu'en ces lieux-là
l'impatience tient place, & que l'on n'y fçait
que c'eſt d'attendre l'heure aux oyfeaux.

Quãd on ne voudra point aller aux chãps, il faut donner à l'oyseau la plus grosse gorge le matin, car il l'enduira plus viste le iour que la nuiét, qui est naturellement froide, où elle pourroit estre plustost morfondue.

En quel temps il faut nouer la longe aux oyseaux,
CHAP. XXVIII.

NOus auons dit cy dessus que l'oyseau se souuiét du plaisir qu'il reçoit. Aussi faut-il que l'homme se rende sujet de luy en donner, & de l'y entretenir, s'il en veut auoir pour luy mesme. Deuãt donc que de nouër la longe, qui se doit faire, ce me semble, aux oyseaux de poing à la my-Mars, ou bien en la fin du mesme mois, selon le tẽps & les chaleurs qu'il fera, il faut que l'Autoursier porte son oyseau aux champs, & qu'il trouue moyen de luy faire bien ietter vne perdrix grise au pied, pour luy en laisser faire telle chere que bon luy semblera, à terre, la longe attachee à sa baguette, & luy aupres estendu sur la verdure à regarder le passetemps: mais il faut que ce soit auec telle cõsideration du naturel de l'oyseau, que la primeuere, qui toute chose esgaye, ne luy chatoüille le desir d'aller faire des petits à la Duché de Cleues ou de Luxembourg, car les oyseaux sont dangereux à perdre aux premieres chaleurs, où ils ont accouſtumé d'entrer en amour, & d'aller à l'eſſor.

Comment il faut mettre l'oyſeau de poing en mue.
CHAP. XXIX.

APres que la longe ſera nouee il faut tenir l'oyſeau ſur la perche iuſques à ce qu'il commence à ietter de ſon pēnage, & luy preſenter le baing pluſieurs fois deuant que le ietter dans la mue, qui pourra eſtre à la my-Auril, ou enuiron. Or elle doit eſtre aſſez bonnement ſpacieuſe, vn peu obſcure, la cage vers le ſoleil leuant, toute faicte de charpenterie, & large de trois bons pieds en quarré, pour le moins, auec vne perche au milieu, & vne autre dedans. Il ſera treſbon, par les chaleurs, pour entretenir l'oyſeau en ſanté, & pour l'auançer, d'y ietter force Hiebles. Il y faut auſſi vn gros billot de bois, pour attacher la viande à l'oyſeau, mais s'il vouloit manger ſur le poing ce ſeroit le meilleur, principalement le Paſſager. Car par experience ie ſçay que cela le rendra fort familier, & de bonne repriſe. L'oyſeau dedans la mue doit eſtre traicté de viandes chaudes, comme de pigeonneaux, de moyneaux, des ieunes hyrondelles, d'oiſillons, de cailles, & quelquefois de cuiſſes d'oiſons. Pour auancer ſon pennage il eſt

expedient de luy prefenter fouuent de belle eau claire dedans vn baquet, du fond d'vn
tonneau d'vn bon demy pied de haut, auec
telle dexterité, qu'il ne foule point fes pennes en fe tourmentant. Les heures de paiftre
feront à huict heures du matin , & à deux
apres midy. Et depuis le vingtiefme de Iuil-
let (s'il n'eft tiré hors de la mue) à neuf ou
dix heures du matin, fon faoul, pour tout le
iour: Car alors n'ayant plus à nourrir des
pennes en fang il n'a pas fi faim. Sur tout,
gardez bien de le degouter, pource que cela le retarderoit beaucoup.

_____

Quand, & comment on doit tirer les oyfeaux hors
de la mue.

CHAP. XXX.

NAture a voulu que les hommes fe
foient conduits par la raifon, & les a-
nimaux pouffez par vn ie ne fçay quel in-
ftinct naturel à ce qui leur eft vtile & neceffaire, ainfi que nous le voyons à l'œil, & que
Pline & Plutarque nous l'enfeignent. L'oyfeau de proye a cefte induftrie, de ne point
affoiblir fon vol en muant tous les ans vne
fois. Car fçachant que fa vie depend de la
legereté de fes aifles, il ne fe defpouille pas
tout en vn coup de toutes fes pennes, mais
d'vne auiourd'huy d'vn cofté, demain de

la pareille de l'autre, felon les Lunes, n'en
reiettant iamais de nouuelles, que les pre-
cedentes ne foient prefque alongees: Si
bien que les vnes eftants au bout, les autres à peu pres tenant leur lieu & place, il
n'y a comme point d'apparence de bref-
che au aifles, ce qu'ils font induftrieufe-
ment par ordre, & en leur faifon. Car par experience on leur voit ietter en la mue celles
qui font plus proches du corps, les premieres que l'on appelle vanneaux, les longues
apres, puis en continuant, Les dernieres
nómees cerceaux & coufteaux, font les plus
malaifees & difficiles à muer à caufe de la de-
fectuofité de fãg & de nourriture qui eft
aux extremitez du vol de l'oifeau, efloignees
de la chaleur naturelle. Tellement que ces
deux petites pennes principales & neceffai-
res demeurent autãt de temps à eftre muees
& alongees que toutes les autres enfem-
ble: Lefquelles il fe faut bien donner garde
de laiffer fouler en fang, craignant qu'incó-
uenient n'en arriue, car fi elles eftoient e-
fteintes l'oyfeau ne pourroit plus voler, &
feroit à l'Autourfier inutil. Ce fõt celles que
DVBARTAs appelle en la 1. iournee de la 1.
Sepmaine, craintifs cerceaux. De la cognoif-
sance defquelles depend entierement l'in-
terpretation de ce paffage incogneu à ceux

qui ne font vfitez en l'Art de l'Autourferie.
Or quand toutes les pennes feront alógees,
il faut, auant que tirer l'oyfeau de la muë, fe
donner encore vn peu de patience apres,
c'eft à dire, cinq ou fix iours, pour les laiffer
feicher, & renforcir, de peur que l'oyfeau
eftant fur le poing, s'échauffant, & tourmé-
tant par trop, ne les faffe tôber en fang. Car
le prouerbe dit,

—————————— Hafte-toy lentement,
Car ce qui fe fait bien fe fait prou viftement.

Comme il faut eßimer l'oyfeau.
CHAP. XXXI.

L'Oyfeau qui eft nourry de fang en la
muë, par fucceffion de temps deuient
fier & orgueilleux, plein, & ord au dedans.
Si bien qu'au fortir de là, fi l'Autourfier ne
le meine dextrement, il court fortune, ou
de deuenir pantois, ou de mourir, ou bien
de ne guiere dóner de plaifir à fon maiftre.
Il faut donc, auant que de le tirer dehors,
dix ou douze iours deuant, luy lauer fa
viande, & luy donner, s'il y a moyen, en le
paiffant, deux ou trois petites cures, bien a-
charnees, pour luy nettoyer auec l'eau & l'e-
ftoupe fon corps fale & gras, à caufe de la
bonne chere paffee, ce qui s'appelle en vn

mot,eſſimer. Et quand il ſera ſur le poing,
le tenir couuert le plus paiſiblemēt que faire ſe pourra iuſques à ce qu'il ait paſſé ſon
feu, car alors il faut le remettre à ſes premieres leçons, & le porter deuant le peuple, aux
foires, aux marchez, & aux champs parmy
les laboureurs, & chartiers, & deuant toutes ſortes de gens & d'attirail. Il faut auſſi luy
donner tous les ſoirs cures d'eſtoupe, apres
qu'il aura enduit, & ne point oublier à le
faire fort tirer tous les matins deuant le feu,
ou au Soleil, ſur vne queue de bœuf, ou
quelque autre Tiroir net, auāt que de le paî-
ſtre: Apres midy ſur les deux heures encore
vn petit, pour le mettre & maintenir touſiours en haleine. Il faut le paiſtre de viandes de boucherie, de cœur de bœuf, de fil-
lets de bœuf, & de mouton trempez, car
cela luy ouurira la mulette, & fera paſſer les
colles. Quand il commencera à s'aſſeurer,
preſētez luy le bain ſur les dix ou vnze heures du matin, comme dit eſt, d'autāt que cela
le rafraichira, & luy donnera aſſeurance, &
diſpoſition grande. Sur tout, il faut prendre
garde à ne le point faire voler trop toſt en
l'eſſimant, car penſant aduancer le deduit,
l'impatience vous reculeroit de beaucoup:
Attendez iuſques à ce que ſes cures vous
paroiſſent blanches, & bien nettes, & que

vous luy ayez vn petit fait le corps à l'Espa-
gnole, pource qu'il fera en trenchant. Cela
fe pourra cognoiftre, à mon aduis, en trois
fepmaines, ou enuiron, qui eft affez long
temps pour vn Autourfier courtifan: Mais
auffi pluftoft ie ne le permets pas, principalement à la deuxiefme, troifiefme, & confecu-
tiues mues: moy-mefmes i'y ay efté affiné.

Comment il faut poyurer l'oyfeau.
CHAP. XXXII.

LEs oyfeaux fôt fuiets d'auoir des poux,
foit ou pource qu'ils en gaignêt dedans
l'Aire deffous les Hagars, ou foit que d'eux-
mefmes fe paiffants fur leurs gibier ils en prê
nent, principalement deffus les perdrix, que
l'on en voit eftre le plus fouuent toutes cou-
uertes. Or pource que cela rend l'oyfeau
fuyard, quinteux, & fubiect à l'effor, mefmes à quitter fes remifes, il eft tref-neceffai-
re d'y donner ordre. Il faut donc le matin,
deuant que de le paiftre, faire preparer dedans vne grâde chaudiere biê nette de belle
eau bien claire, & la faire tiedir fur le feu, puis
mettre dedãs vne once de poyure fin pulue-
rifé, excepté quelque petite referue que l'on
fera, pour luy mettre fur la refte, deffus les
mahuttes, & deffus le croupiõ, repaire ordi-
naire de tels animaux. La maniere, c'eft d'a-

batre l'oyfeau dextrement, l'vn le tenant par
les pieds fur le gand , & l'autre par le corps
auec les deux mains, fans le fouler, & le plô-
ger dedans ladite eau , pour le bassiner , &
luy manier fon pennage partout : Gardez
feulement qu'il n'y en entre dans le bec &
dans les yeux. Mais d'autant qu'il eft malaifé que l'oyfeau ne reçoiue du defplaifir en le
poyurant, & qu'il n'ait quelque fouuenance
de celuy qui le tient captif, dont il pourroit
fe fouuenir, pour le hayr. Le feu fieur de Ville, gouuerneur de Monceaux pour la feu
Royne mere du Roy, Catherine de Medi-
cis, Gentilhomme de fon temps autant loüé
parmy les hommes de noftre Art que nul
autre, auoit cefte couftume de faire degui-
fer tous ceux qui affiftoient à poiurer l'oyfeau, & luy mefme le premier. On m'a dit
de bonne part , que ledit fieur de Ville fut
trouué en fa maifon habillé en ramoneur
de cheminee , & fes valets en chambrieres,
qui eftoit à mon aduis vne plaifante maf-
quarade, & digne de rire. Ie ne l'allegue pas
fans raifon, car il a paffé cent Autourfiers
excellents par fes mains. Il a laiffé vn fils
qui demeure à Merfin, en la vallee de Soif-
fons, qui a noftre grand regret n'en eft pas
tant amateur, & toutesfois digne d'en pro-
tefter en bonne compagnie.

Notez, qu'il ne faut pas paiſtre l'oiſeau apres le poiure, qu'il ne ſoit bien ſec, & qu'il n'ait bon appetit. Ie l'ay experimenté au peril d'vn.

Comm eil faut enter la penne de l'oyſeau.
CHAP. XXXIII.

POur enter vne penne à l'oiſeau il faut, tout chaperôné, dextremẽt adiouſter au bout de la penne rôpue celle que vous voulez y ioindre, laquelle ſera pareille : Ce qui ſe fera auec vne aiguille carree, lôngue comme les communes, pointue par les deux bouts, laquelle fichee dans l'vne & l'autre penne la reſerrera ſi pres qu'elle paroiſtra ainſi que naturelle. L'Autourſier n'oubliera point de faire tremper deux heures l'eguille dãs du veriⁱ⁰ pour la faire roüiller, afin qu'elle tienne mieux dans le pennage.

Comment il faut redreſſer les pennes froiſſees.
CHAP. XXXIIII.

FAites boüillir de l'auoine en eau nette, puis mettez ladite eau en quelque pot qui ſoit long, afin que les pennes y entrent bien auant, & les trempez, & redreſſez auec les doigts dextremẽt: Et notez qu'il ne faut pas attendre que l'eau ſoit refroidie.

Comment il faut faire le bec à l'oyseau.
CHAP. XXXV.

IL faut prendre vn cousteau fait expres
pour cecy, & quand vous verrez que l'oiseau aura le bec trop long amenuisez le luy
des deux costez, au pl⁹ pres de só naturel, &
puis luy couppez le bout auec des pincettes
bien trâchantes. Pour ce faire, le faut abatre
de xtrement.

Animaduersions sur le present traicté.

IL est tref-necessaire de donner cure aux
oyseaux : Car ceux qui n'en veulent point
prendre demeurent ords & salles, & sont su-
jects à ne rien faire qui vaille. Pour les ac-
coustumer donc à bien prendre les cures, il
les leur faut donner au commencemēt petites, & bin acharnees, & apres les auoir prises
les faire vn peu tirer, car cela leur donnera
enuie d'en prendre vne autrefois.

Quand l'oyseau sera bien dedans il se faut
biē garder de luy donner trop d'aduantage,
craignant de le rendre paresseux, & poltron :
Car alors il faut que l'Autoursier s'accou-
stume à le ietter de loing apres son gibier, &
principalement de bas en haut.

Il sera bon, qui voudra, de mettre dedans
les cures de l'oyseau deux fois le mois, trois

fueilles broyees de For , appelé blanche A-
loyne, car cela est cordial , & contraire aux
fillandres.

Pour faire mourir les fillandres il faut dóner à l'oyseau les foyes de sa perdrix tous sã-
glants, auec le fiel, par experiéce cela leur est
fort nuisible.

Feu mõsieur le Duc de Montmorécy, Pair,
& Mareschal de France , rare de sõ siecle, &
admirable en vertus, pere & conseruateur
des Autoursiers, & Fauconniers, auõit accoustumé de paistre ses oyseaux de corneil-
les à blãc bec, appellees Frions. Il tenoit ceste viande exquise entre toutes les autres,
pource qu'elle est legere, & de bonne nourriture, & que le sang en est fort contraire
aux Fillandres.

Quand l'oyseau se sentira du rhume il
faut luy arroser les nazeaux de vin clairet
vieux, & mettre dedans sa cure trois clouds
de girophle concassez, ou bien vn morceau
de sucre Candy. Il sera bon aussi de le faire
plumer souuent deuant le feu quelque aisle
de perdrix, car en plumant, & secouant du
bec les plumes, il iettera des eaux qui luy
deschargeront le cerueau.

La fin de ce petit traicté confirmera vne
fidelité iuree entre les Autoursiers & Fauconniers, de ne se retenir ny chiens ny oy-

feaux les vns aux autres, que viuats en leurs
liberté & franchife accouftumée, ils n'ayent
iamais l'ame atteinte de fedition, ou trom-
perie.

FIN.

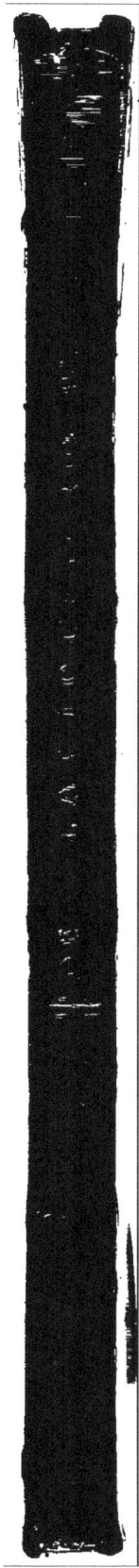

www.ingramcontent.com/pod-product-compliance
Lightning Source LLC
Chambersburg PA
CBHW071257200326
41521CB00009B/1797